Jan Hoppe

Fouriertransformation und Ortsfrequenzfilterung - Protokoll zum Versuch

GRIN Verlag

Bibliografische Information der Deutschen Nationalbibliothek:

Die Deutsche Bibliothek verzeichnet diese Publikation in der Deutschen National-
bibliografie; detaillierte bibliografische Daten sind im Internet über http://dnb.d-
nb.de/ abrufbar.

Impressum:

Copyright © 2011 GRIN Verlag GmbH
Druck und Bindung: Books on Demand GmbH, Norderstedt Germany
ISBN: 978-3-640-97672-0

Dieses Buch bei GRIN:

http://www.grin.com/de/e-book/176208/fouriertransformation-und-ortsfrequenz-
filterung-protokoll-zum-versuch

Fouriertransformation und Ortsfrequenzfilterung

Protokoll zum Versuch

1. Korrektur

Jan Hoppe
24.01.2011
Fortgeschrittenenpraktikum I
WS 10/11
Universität Bielefeld

Inhaltsverzeichnis

1. Versuchsziel

Das Ziel des Versuchs ist das Verständnis der Bildentstehung in einem Linsensystem. Dazu sind die Phänomene der Brechung und Beugung von Licht von Bedeutung. Zusätzlich soll Bildfilterung verstanden werden.

2. Theoretische Grundlagen

2.1 Fouriertransformation

Das Prinzip der Fouriertransformation beruht auf der Annahme, dass ein zeitlich beliebiger und nichtperiodischer Vorgang als Überlagerung von harmonischen Schwingungen aufgefasst werden kann. Für die Optik lassen sich Funktionen wie folgt beschreiben:

$$\tilde{f}(\omega) = \int_{-\infty}^{\infty} f(t) \cdot e^{-i\omega t} dt$$

Genauso lässt sich auch eine Rücktransformation bilden:

$$f(t) = \int_{-\infty}^{\infty} \tilde{f}(\omega) \cdot e^{i\omega t} d\omega$$

Sofern ω die Frequenz und t die Zeit sind, beschreibt die Fouriertransformation einer Verteilung f(t) die entsprechende Verteilung der Amplituden (von der Frequenz abhängig). Nimmt man ein Bild mit unterschiedlichen Farben (die auf unterschiedlichen Wellenlängen/Frequenzen beruhen) so lassen sich mithilfe der Fouriertransformation berechnen, welche Frequenzen zu welchen Anteilen in dem Bild enthalten sind.

2.1.1 Fouriertransformation der δ-Funktion

Als einfaches Beispiel haben wir die δ-Funktion gewählt, um an ihr die Funktionsweise der Fouriertransformation zu veranschaulichen:

$$f(x) = \delta(x - x_0)$$

$$\tilde{f}(\omega) = \int_{-\infty}^{\infty} \delta(x - x_0) \cdot e^{-i\omega t} dt$$

$$= e^{-iwt_0}$$

2.1.2 Fouriertransformation eines 1-Dimensionalen Einfachspalts

Auch zu Demonstrationszwecken wollen wir die Feldverteilung eines Einfachspalts mit Hilfe der Fouriertransformation errechnen.

Für einen Spalt der Breite 2b lässt sich folgende Funktion bilden:

$$f(x) = 1$$

wenn –b < x < b und

$$f(x) = 0$$

sonst.

Daher brauchen wir die Grenzen des Integrals nur von –b bis b zu setzen. Die Transformation ergibt sich nun zu:

$$\tilde{f}(\eta) = \int_{-b}^{b} e^{-i\eta x}\,dx = -\frac{1}{i\eta}\left(e^{-i\eta x} - e^{i\eta x}\right)$$

$$= -\frac{1}{i\eta}\left(-2i\sin(\eta b)\right) = 2b\,\frac{\sin(\eta b)}{\eta b}$$

Das Ergebnis stimmt mit den Literaturangaben zu der Feldverteilung überein. (z.B. (Pedrotti, et al. 1996)). Dabei entspricht

$$\eta = \frac{\pi}{\lambda}\sin\alpha.$$

Außerdem findet man in der Literatur (vgl. ibid.) häufig eine vereinfachte Darstellung:

$$\operatorname{sinc}\eta b = \frac{\sin\eta b}{\eta b}$$

Auf diese Weise lässt sich die Beugungsamplitude im Punkt P wie folgt schreiben:

$$E_P = E_0 \operatorname{sinc}\eta b$$

und die Beugungsintensität ist

$$I_P = I_0 \operatorname{sinc}^2\eta b$$

Will man sich die Gegebenheiten graphisch veranschaulichen, so ergibt sich für eine Fouriertransformation eines Einfachspalts folgendes Bild und folgende Verteilung.

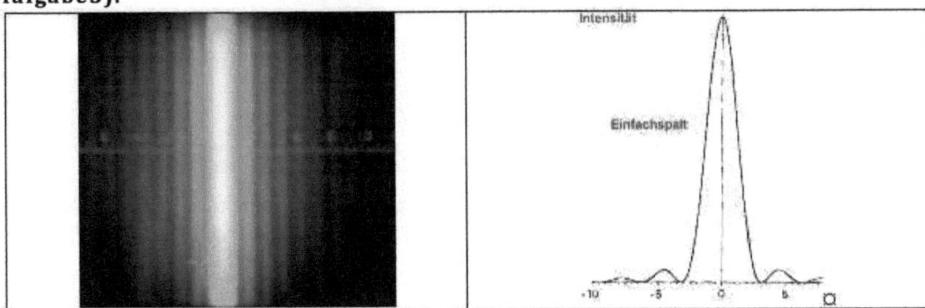

2.1.3 Faltung

Die Faltung einer Funktion g(t) mit einer anderen Funktion h(t) liefert uns eine neue Funktion die wie folgt definiert ist:

$$g(t) * h(t) = \int_{-\infty}^{\infty} g(x) \cdot h(t - x) dx$$

Anschaulich ist die Faltung eine Gewichtung einer von der Zeit abhängigen Funktion mit einer anderen. Der Wert der Gewichtsfunktion g an der Stelle x gibt an, wie stark der um x abweichende Wert der gewichteten Funktion, also h(t − x), in den Wert der Ergebnisfunktion zum Zeitpunkt t eingeht.

Wichtig ist in diesem Zusammenhang der Satz von Fubini, nach dem eine Faltung auch als Produkt der beiden Fouriertransformierten dargestellt werden kann:

$$F(g * h) = F(g) \cdot F(h)$$

2.2 Geometrische Optik

Die geometrische Optik vernachlässigt die Wellennatur des Lichts. Solange die Wellenlägen des Lichts im Verhältnis zu den Komponenten des optischen Systems klein sind, führt das zu guten Ergebnissen. Dann kann man Lichtstrahlen für linear halten.

Verwendet man Sammellinsen um ein Bild darzustellen, muss man einige Verhältnisse beachten. Linsen sammeln parallel zum Mittelpunktstrahl verlaufende Strahlen im Brennpunkt. Das heißt, sie werden so gebrochen, dass sie durch den Brennpunkt f verlaufen. Die Entfernung vom Gegenstand zur Linse ist die Gegenstandsweite g. Der Ab-

stand von Linse zum reellen Bild die Bildweite b. Folgende Gleichung ist die Linsenglei-
chung und gibt den Zusammenhang zwischen g, b und f wieder:

$$\frac{1}{g} + \frac{1}{b} = \frac{1}{f}$$

Anschaulich sieht das dann so aus.

Abbildung 1: Abbildungsverhältnisse einer Linse; entn.: (Wikipedia 2010).

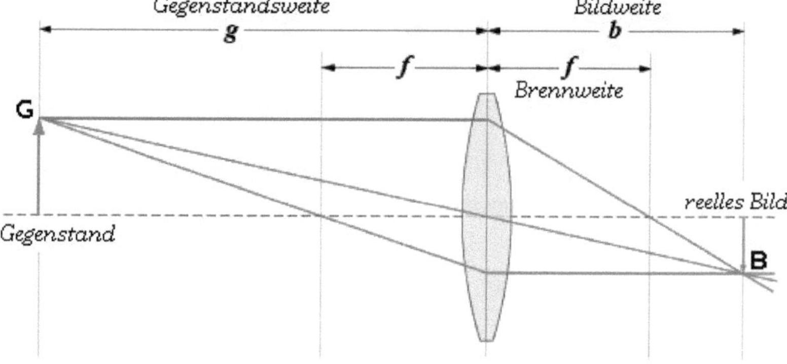

2.3 Interferenz und Beugung

Sobald jedoch Lichtstrahlen auf Gegenstände oder Öffnungen treffen, die in Größen-
ordnungen der Wellenlänge liegen, muss man die Wellennatur des Lichts beachten.
Lässt man Licht beispielsweise durch ein Loch (der entsprechenden Größe) fallen, so
sieht man (bei passenden Einstellungen) ein deutlich komplizierteres Muster als die
geometrische Optik erwarten ließe. Daher müssen die Begriffe Interferenz und Beugung diskutiert werden.

2.3.1 Interferenz

Kurz gesagt ist Interferenz die Überlagerung von Lichtwellen. Überlagern sich zwei
Wellen mit einer Phasendifferenz, kommt es zu Verstärkung oder Abschwächung der
Wellen. Ist die Phasendifferenz null, kommt es zu konstruktiver Interferenz. Entspricht
sie einer halben Wellenlänge, löschen sich die Wellen gegenseitig aus – destruktive Interferenz. Das sind die beiden Grenzfälle. Liegt die Phasendifferenz irgendwo dazwi-
schen, kommt es zur Schwebung.

Es muss gewährleistet werden, dass die Phasenverschiebung eine gewisse Zeit konstant (oder kohärent) bleiben – ansonsten wird das Bild durch Fluktuationen verwaschen. Interferenz findet zwar noch statt, aber kann nicht mehr wahrgenommen werden.

2.3.2 Beugung

Trifft eine Welle auf ein Hindernis, so kommt es zu Interferenzen hinter diesem. Nach Huygens geht von jedem Punkt einer Welle eine neue Welle aus. Trifft daher eine Welle (mit parallelen Phasenflächen) auf ein Hindernis (z. B. einen Spalt), so entstehen in allen Punkten der Öffnung neue Wellen. Diese bilden keine ebene Front mehr, sondern sind gekrümmt (sekundäre Kugelwellen). Wichtig ist dieses Phänomen für das Auflösungsvermögen nach Durchlaufen von Apparaturen. Denn bei starker Beugung kann es sein, dass sich die Intensitäten überlagern. Für Linsensysteme können zwei Arten von Näherungen für Beugungsphänomene unterschieden werden: Die Fresnel- und die Fraunhofer-Beugung. Sie können nicht vernachlässigt werden, wenn das Hindernis eine vergleichbare Größe zur Wellenlänge hat.

2.3.3 Fresnel-Beugung

Liegt die Quelle oder die Bildebene so nah an dem Hindernis (der Öffnung), dass die Krümmung der Wellenfront berücksichtigt werden muss, muss die Fresnel-Beugung zur Erklärung herangezogen werden. Es geht folglich um das Nahfeld. Dann treten aufgrund der Kugelform der Lichtwellen unterschiedliche zu berücksichtigende Phasen auf, die miteinander interferieren. Die Berechnungen sind sehr kompliziert und, da wir mit mehreren Linsen arbeiten, für uns unwichtig. Vergrößert man die Entfernung zwischen Beobachtungsschirm und Hindernis, so verändert sich bei der Fresnel-Beugung sowohl die Größe als auch die Form des Bilds. Bei der Fraunhofer Beugung nur die Größe.

2.3.4 Fraunhofer-Beugung

Haben wir ebene Wellenfronten oder liegt die Bildebene sehr weit von dem Hindernis entfernt, brauchen wir die Fraunhofer-Beugung als Fernfeldnäherung. Durch Linsen vor und nach dem Hindernis werden jeweils die Quelle und die Bildebene praktisch ins Unendliche verschoben. Durch diese Entfernung bilden sich feste Interferenz Muster aus, die man beobachten kann. Im Folgenden sollen die wichtigsten geometrischen Formen kurz beschrieben werden.

Einfachspalt: Ein Einfachspalt ist im Grunde ein Rechteck dessen Höhe viel größer ist als seine Breite. Will man die Minima beschreiben (was für den Einfachspalt einfacher ist, da in der Mitte ein Maximum liegt), so muss man den Gangunterschied von $\lambda/2$ beachten. Denn dann kommt es zu destruktiver Interferenz – folglich zu einem Minimum. Daher kann man folgende Gesetzmäßigkeit aufstellen:

$$\sin\alpha = \frac{\lambda n}{b}$$

Dabei ist b die Spaltbreite. Die Variable n kann nur ganzzahlige Werte annehmen: ±1, ±2...

Mehrfachspalt: Ein Mehrfachspalt besteht aus mehreren nebeneinander liegenden Eifachspalten. Das Interferenzmuster eines einzelnen Spalts überlagert sich mit den Mustern der nebenan liegenden Spalte. Für die Maxima gilt daher:

$$\sin\alpha = \frac{\lambda m}{d}$$

Hier ist d der Abstand zwischen den Spalten, mit m = 0, ±1, …

Gitter: Hat man sehr viele Spalten, die sich im gleichen Abstand von einander befinden, so spricht man von einem Gitter. Dieses ist durch die Gitterkonstante g charakterisiert, dass die Anzahl der Spalte je Millimeter angibt. Die Maxima liegen bei:

$$\sin\alpha = \frac{\lambda m}{g}$$

Auch hier ist m = 0, ±1, …

Loch: Bei Licht, das an einem Loch gebeugt wird, treten qualitativ ähnliche Effekte auf wie bei einem Einzelspalt. Nur sind diese bei einem Loch kreissymmetrisch. Die Lage der Minima lässt sich nur schwer berechnen, daher sind hier nur die Literaturwerte (Kuchling 2004, 397) für die ersten drei Minima angegeben:

$$\sin\alpha_1 = 0{,}61\frac{\lambda n}{D}$$

$$\sin\alpha_2 = 1{,}116\frac{\lambda n}{D}$$

$$\sin \alpha_3 = 1{,}619 \frac{\lambda n}{D}$$

Wobei D der Durchmesser des Lochs ist.

2.4 Auflösungsvermögen optischer Geräte

Da optische Geräte zwangsläufig in dem Raum begrenzt sind, mit dem sie Licht durchlassen können, wirken sie immer wie ein Hindernis. Folglich sind sie auch immer beugend. Gegenstandspunkte werden daher auch nicht als Punkte, sondern als kleine Scheiben abgebildet (die nullte Ordnung der Beugung an einer Kreisblende, wir auch als Airy-Scheibchen bezeichnet). Diese können sich überlappen oder überdecken. Somit haben optische Geräte nur ein begrenztes Auflösungsvermögen. Mit Hilfe der Punktspreizfunktion kann ein Bild als Summe von vielen einzelnen Bildpunkten angenommen werden und dann die maximale Auflösung errechnet werden. Die Grenze liegt dort, wo zwei Bildscheibchen gerade noch getrennt wahrgenommen werden können. An dieser Stelle fällt dann das Hauptmaximum mit dem ersten Minimum des daneben liegenden Scheibchens zusammen. Die Lage der Minima lässt sich anhand der Besselfunktion erster Ordnung ermitteln.

Abbildung 1a: Beugungsbedingte Auflösungsgrenze – dargestellt durch Intensitätsverteilung zweier Bildpunkte; entnommen (http://6mpixel.org/?page_id =70; einige Dinge am Bild verändert).

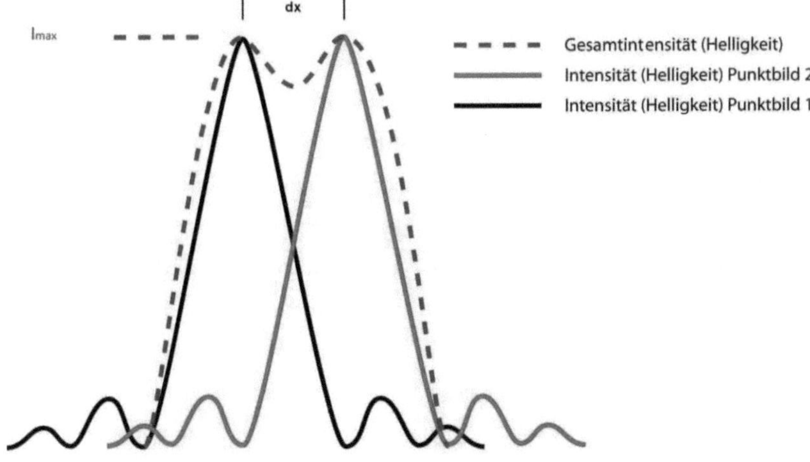

Für ein Linsensystem gilt die Gleichung (Kuchling 2004, 398):

$$dx_{min} = 0{,}61 \frac{\lambda}{n_M \sin \alpha} = 0{,}61 \frac{\lambda}{NA}$$

Wobei dx dem minimalen Abstand zwischen zwei Punkten eines Gegenstandes entspricht und NA der numerischen Apertur. Diese ist der maximale Winkel (oder eher die Hälfte des maximalen Aufnahmewinkels) mit dem eine Linse noch Licht aufnehmen kann. Hierbei ist n_M die Mediendichte der Linse.

2.5 Ortsfrequenz und Filterung

Bei Experimenten mit der Fraunhoferbeugung befindet sich die Bildebene entweder weit entfernt oder liegt in der Brennebene einer Linse. Jedem Punkt in der Beugungs- oder Fourierebene wird dann eine Ortsfrequenz zugeordnet. Ist der Beugungswinkel groß, so wird dementsprechend eine hohe Ortsfrequenz assoziiert.

Abbildung 2: Darstellung der Fourier- und Bildebene; entnommen (Pedrotti, et al. 1996, 746).

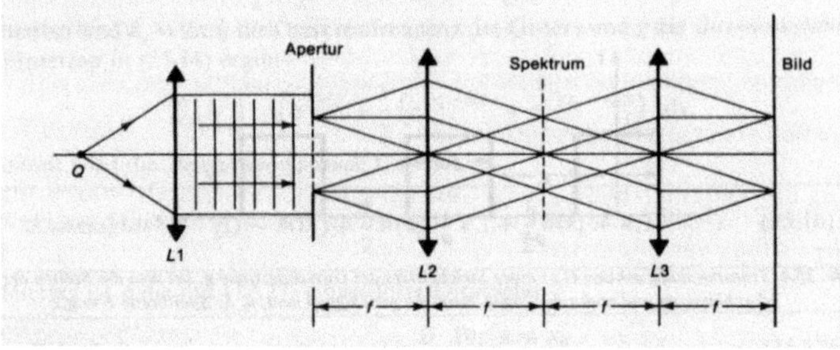

In der Fourierebene einer Linse (hier L2) wird die Apertur fouriertransformiert. Eine Linse kann somit auch als Fouriertransformation verwendet werden, sofern sie in der richtigen Ebene liegt. Wird jedoch in diese Ebene eine weitere Linse (L3) eingebracht, so führt diese Linse eine erneute Fouriertransformation durch. Greift man in die Fourierebene ein und löscht bestimmte Punkte weg, so wird dadurch auch das Bild verändert. Diesen Vorgang nennt man optische Filterung. Wird eine Blende eingebracht, die Bereiche nahe der optischen Achse (die niedrigen Ortsfrequenzen) ausblendet, so werden die groben Strukturen des Bilds herausgefiltert. Das Bild wird blasser (weniger Informationen zur Intensität), dafür schärfer. Werden nur die niedrigen Ortsfrequenzen durchgelassen, so werden die feinen Strukturen gefiltert. Das Bild wird verschwommen, aber die Intensitätsinformation wird relativ gut wiedergegeben. Mit

Beugungsbildern ausgedrückt hieße das, das in den niedrigen Ordnungen Informationen über die Intensitätsverteilungen enthalten sind, in den höheren Ordnungen die über die Schärfe des Bilds.

2.6 CCD-Chip und Digitalkamera

Eine Digitalkamera nimmt Licht über ihre Objektivlinse auf und leitet es an den dahinterliegenden CCD-Chip. Dabei läuft das Licht durch verschiedene Filter. Darunter einem Farbfilter, der das Licht in drei Spektralbereiche (RGB) aufteilt und je nach Mischverhältnis auf vier zusammengehörige Photodioden projiziert (vier, weil grün zweimal vorhanden ist). Diese vier Photodioden definieren einen Bildpunkt. Der CCD-Chip besteht aus vielen Photodioden, die proportional zu den Lichtintensitäten einen Strom erzeugen, der das Mischungsverhältnis der Farben wiedergibt. Diesen Strom kann man auslesen und in Information umwandeln, die digital weiterverwenden kann.

3. Versuchsaufbau

Abbildung 3: Versuchsaufbau; entnommen: (Praktikumsskript).

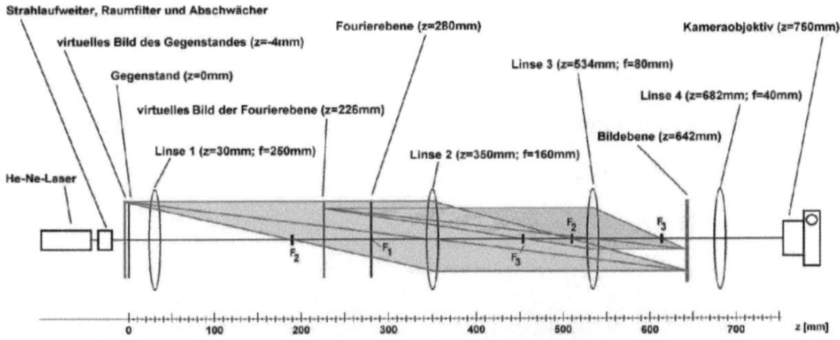

Wie in Abbildung 3 (die den Versuchsaufbau nur qualitativ darstellt) zusehen ist, besteht die Lichtquelle aus einem HeNe-Laser mit einer Wellenlänge von 633nm. Mit dem Aufbau lässt sich durch ein- und ausklappen von Linse 3 das Fourierbild oder das rekonstruierte Bild bilden. Dazu muss Linse 2 passend verschoben werden. In der Fourierebene können die Masken eingefügt werden, mit denen man Beugungsordnungen heraus löschen und das Bild somit filtern kann. Am anderen Ende des Aufbaus wird über Linse 4 die Lichtstrahlen direkt auf den CCD-Chip der Kamera geleitet. Die jeweiligen Bilder können mit einem PC gespeichert werden.

4. Versuchsdurchführung

Im Folgenden werden für verschiedene Aperturen die jeweiligen Fourier- und die rekonstruierten Bilder gebildet werden. Gegeben falls wurden Filterungen durchgeführt. Die nötigen Masken wurden selbst hergestellt und finden sich im Anhang.

4.1 Laser

Abbildung 4: rekonstruiertes und Fourierbild

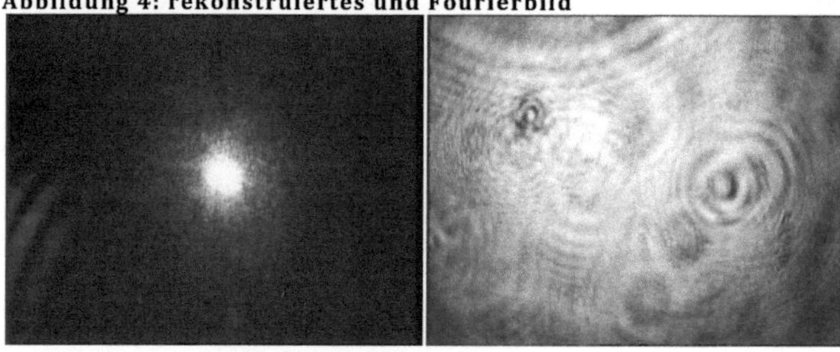

Dies sind die jeweiligen Bilder für den Laser ohne irgendein Hindernis. Dies wurde nur der genaueren Interpretation wegen gemacht. Wie auf dem Fourierbild zu sehen ist, scheint der Laser aus mehreren kleinen Strahlen zu bestehen, die miteinander interferieren. Da der Laser für alle folgenden Aperturen grundlegend ist, müsste eigentlich jedes Fourierbild als Faltung des Lasers mit der jeweiligen Beugung aufgefasst werden. Wir werden das vernachlässigen, aber beachten, dass die Bilder eine gewisse Verzerrung aufweisen werden.

4.2 Einfachspalt

Abbildung 5: rekonstruiertes und Fourierbild

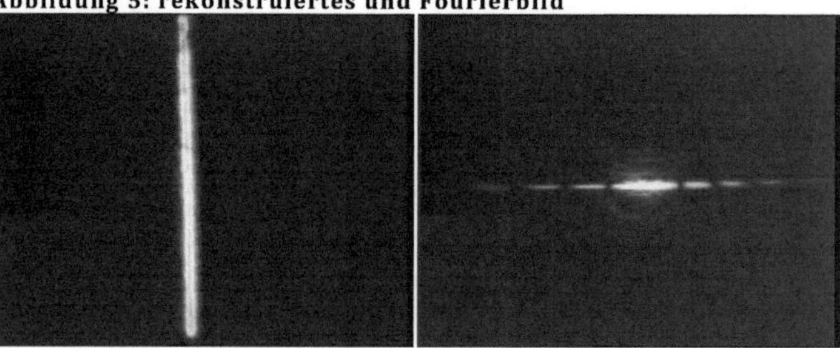

Das rekonstruierte Bild aus Abbildung 5 lässt deutlich den Spalt erkennen (der eine Breite von 200µm hat), der als Apertur verwendet wurde. Das Beugungsbild entspricht der Vorhersage aus 2.3.4. Interessant ist noch die schwache Interferenzstruktur in vertikaler Richtung bei der 0. Ordnung. Diese ist wahrscheinlich auf die endliche vertikale Ausdehnung des Spalts zurückzuführen.

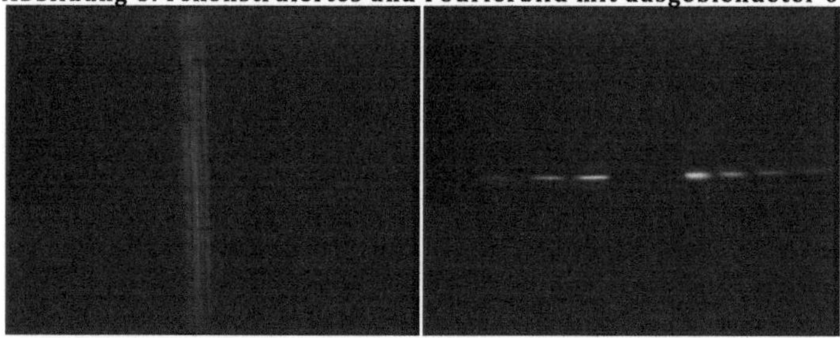

Nun wurde mit der Maske 1 die nullte Ordnung ausgeblendet. Wie man sieht (Vorhersage aus 2.5) sind die Ränder des rekonstruierten Bilds relativ scharf – vor allem im Vergleich zum nächsten Bild. Entsprechend der Vorhersage hat das Bild jedoch viel an Intensität eingebüßt.

Hier liegt nun der Fall vor, dass nur die nullte Ordnung durchgelassen (mit Maske 2) wird. Folglich ist die Intensität (nach 2.5) gut wiedergegeben, jedoch sind die Ränder unscharf. Das die Intensität im oberen Bereich deutlich annimmt, liegt wohl an der verwendeten Maske. Diese hat wahrscheinlich einen Teil der vertikalen Ordnungen ebenfalls ausgeblendet, so dass Strukturinformationen zu diesem Teil fehlen.

4.3 Gitter

Abbildung 8: rekonstruiertes und Fourierbild

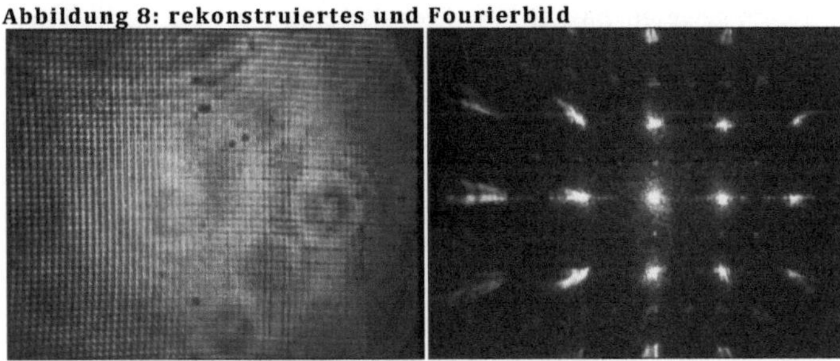

Nun wurde der Laser an einem Gitter gebeugt. Die ringförmigen Muster in dem rekonstruierten Bild sind wohl auf die Interferenzen des Lasers zurückzuführen. Die Gitterkonstante g (siehe 2.3.4) wird in Kap. 5 berechnet werden.

Abbildung 9: rekonstruiertes und Fourierbild mit ausgeblendeter 0. Ordnung

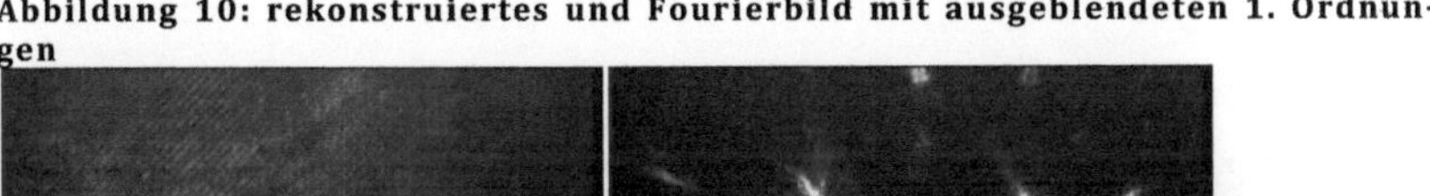

Nachdem mit der Maske 3 die nullte Ordnung gefiltert wurde, ist das Bild schärfer geworden (Vorhersage aus 2.5). Aber wie erwartet ist es deutlich verblasst.

Abbildung 10: rekonstruiertes und Fourierbild mit ausgeblendeten 1. Ordnungen

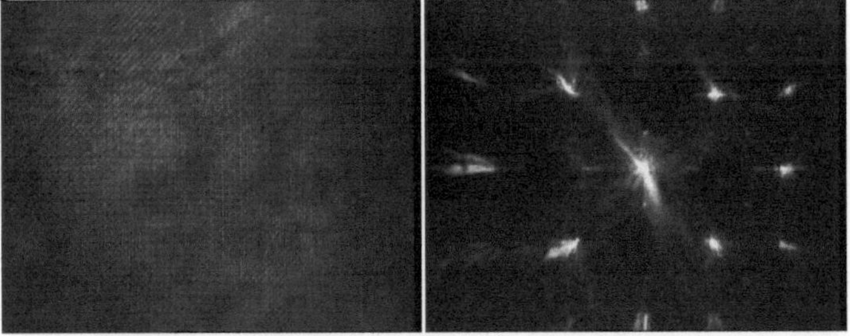

Nun wurden mit Schablone 4 vier erste Ordnungen gefiltert (leider wurden die diagonalen ersten Ordnungen vergessen). Man kann sehen, dass es weniger Intensiv als Abbildung 8 ist und weniger scharf als Abbildung 9 (Vorhersage aus 2.5). Eigentlich wäre noch zu erwarten gewesen, dass es intensiver als Abbildung 9 ist, was aber nicht der Fall zu sein scheint. Seltsam sind auch die diagonalen Streifen im oberen Teil des rekonstruierten Bildes. Diese beiden Beobachtungen scheinen auf eine unsaubere Maske zurückzuführrbar zu sein. Auf ihr haben wir Tippex weggekratzt, da nur sehr wenig Spielraum bestand um die ersten Ordnungen zu filtern. Dabei haben die Kratzer in ihrer Mitte (an der Stelle die die 0. Ordnung durchlässt) wohl verzerrend gewirkt. Wie im Fourierbild zu erkennen, ist die nullte Ordnung (im Vergleich zu Abbildung 8) diagonal verschmiert. Dadurch ist wahrscheinlich die Intensität über einen größeren Raum verteilt worden (durch Ablenkung an den Kratzern). Außerdem können sie wie Einzelspalte gewirkt haben, deren Interferenzmuster sich mit dem Beugungsbild des Gitters überlagert hat – so dass sich Streifen gebildet haben.

Abbildung 11: rekonstruiertes und Fourierbild mit ausgeblendeten vertikalen Ordnungen

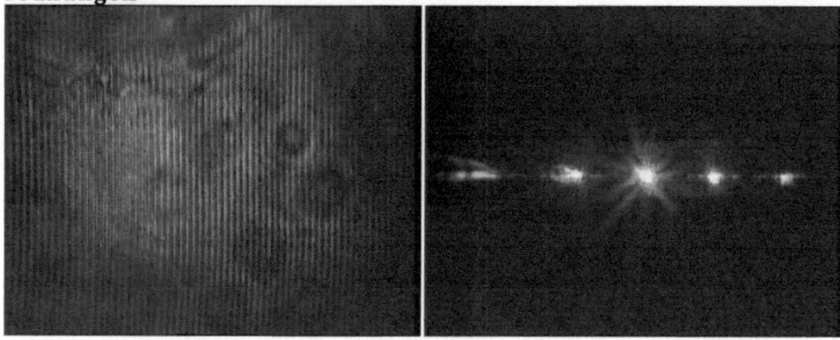

Hier wurden mit Maske 5 die vertikalen Ordnungen gefiltert. Dadurch ist die Information für die horizontalen Streifen im rekonstruierten Bild verloren.

4.4 Dreifachspalt

Abbildung 12: rekonstruiertes und Fourierbild

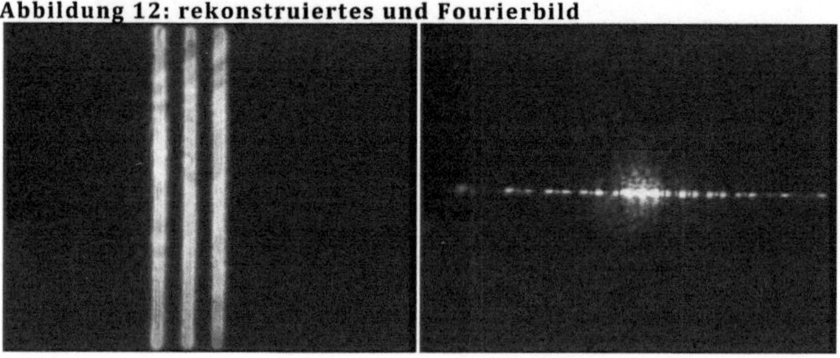

Hier ist sehr gut der Dreifachspalt zu erkennen. Auch hier sind die Streifen im oberen Teil des rekonstruierten Bilds wohl auf den Laser zurückzuführen.

Abbildung 13: rekonstruiertes und Fourierbild des mit einem Gitter gestörten Dreifachspalt

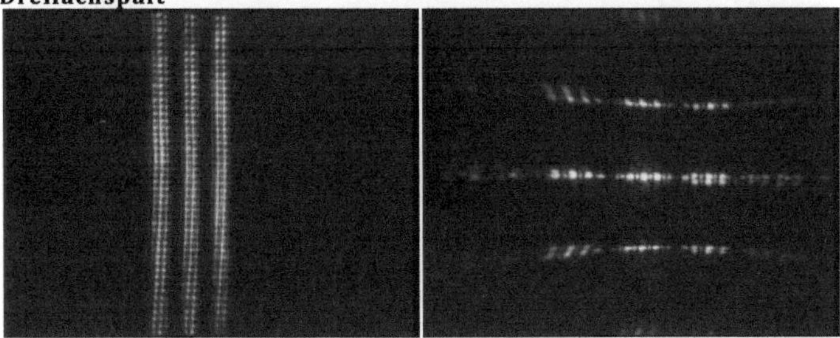

In Abbildung 13 wurde der Dreifachspalt mit einem Gitter gestört. Sehr gut zu sehen, wie sich das rekonstruierte und auch das Fourierbild aus den jeweiligen Bildern des Dreifachspalts (Abbildung 12) und des Gitters (Abbildung 13) zusammensetzt (Vorhersage aus 2.1.3).

Abbildung 14: rekonstruiertes und Fourierbild des herausgefilterten Gitters

Gefiltert haben wir das Bild indem wir mit Maske 6 nur die nullte Ordnung durchgelassen haben. Dies ist die beste Näherung des ursprünglichen Bilds (Abbildung 12). Da die nullte Ordnung gute Informationen zur Intensität, aber nicht zum Ort (Vorhersage aus 2.5) liefert, sind die Ränder stark verschwommen. Auch ist es sehr blass, da die ursprüngliche nullte Ordnung (die in Abbildung 12 zu sehen ist) durch die Störung aufgeteilt und horizontal und vertikal verschoben wurde (gut in Abbildung 13 zu sehen). Es blieben natürlich die Möglichkeiten, zum einen auch vertikale oder horizontale Ordnungen durchzulassen. Das würde aber zu horizontalen, bzw. vertikalen, Streifen im rekonstruierten Bild führen.

4.5 Fünflochblende

Abbildung 15: rekonstruiertes und Fourierbild

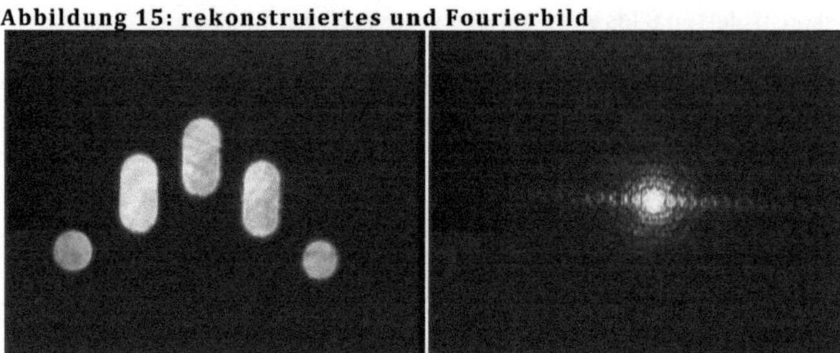

Nun wurde eine Fünflochblende in das Linsensystem eingebracht. Mit dieser sollten verschiedene Versuche durchgeführt werden, da sich ihr Aufbau gut eignet um die bereits diskutierten Phänomene sichtbar zu machen.

Abbildung 16: rekonstruiertes und Fourierbild mit ausgeblendeter 0. Ordnung und der vertikalen Ordnungen

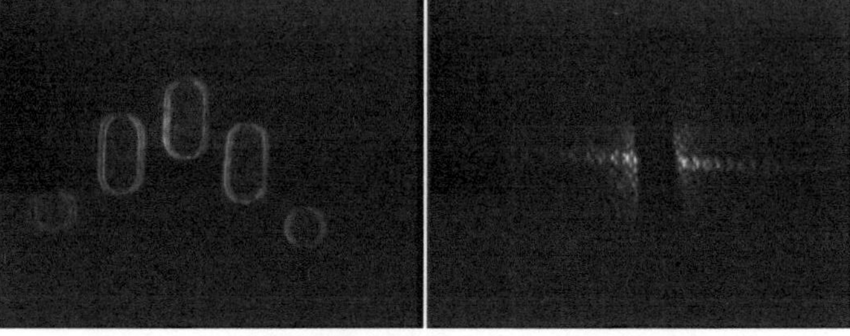

Zunächst wurden mit Maske 7 die vertikalen Ordnungen zusammen mit der nullten heraus gelöscht. Wie man gut erkennen kann sind die Seitenränder der rekonstruierten Blende scharf abgebildet. Der Innenraum ist aufgrund der fehlenden nullten Ordnung leer (Vorhersage aus 2.5). Genauso ist der Zwischenraum der Kreise frei, vermutlich weil die vertikalen Ordnungen fehlen. Diese könnten auch der Grund dafür sein, dass die oberen und unteren Ränder der Abbildungen relativ unscharf sind.

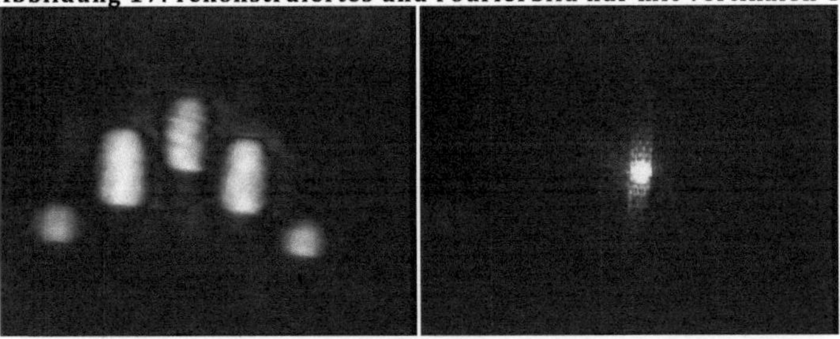

Lässt man nun nur die vertikalen Ordnungen durch (mit Maske 8), so hat man wieder eine genaue Intensitätsverteilung – die Innenräume sind wieder ausgefüllt. Wie die Vorhersagen von 2.5 erwarten lassen, ist das Bild unscharf.

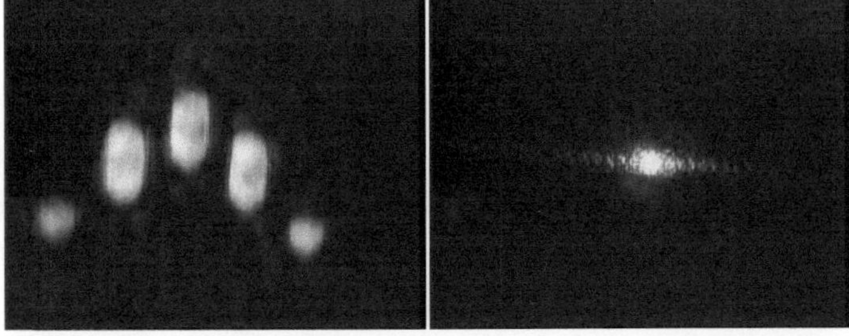

Ganz ähnlich ist auch der Ergebnis, wenn man nur die horizontalen Ordnungen durchlässt (ebenfalls mit Maske 8).

4.6 Lochblende

Nun wurde eine Lochblende mit 1mm Durchmesser als Hindernis verwendet. Das Interferenzmuster mit seinen drei deutlich erkennbaren Minima ist gut zu erkennen.

Diese drei wurden auch in 2.3.4 erwähnt. Das Intensitätsscheibchen in der Mitte des Beugungsbilds (die 0. Ordnung der Maxima) kann als Prototyp der Scheibchen gelten, mit denen wir das Auflösungsvermögen (2.4) von Linsensystemen veranschaulicht haben.

4.7 Doppellochblende

Abbildung 20: rekonstruiertes und Fourierbild

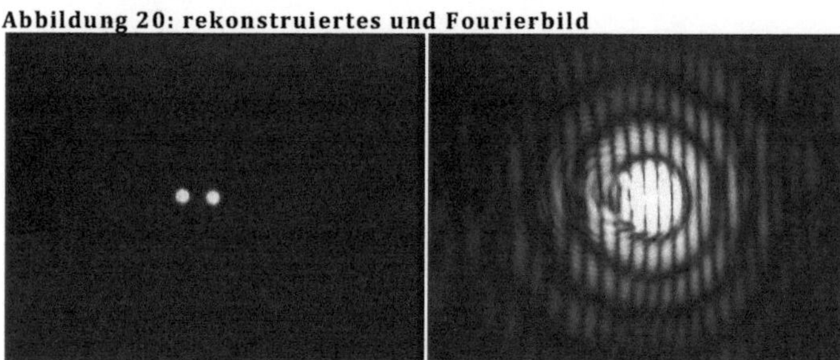

Die Doppellochblende besteht (wie im rekonstruierten Bild zu sehen) aus zwei nebeneinander liegenden Löchern. Die vertikalen Streifen im Beugungsbild entstehen aus den gleichen Gründen wie die Maxima des Mehrfachspalts (vgl. 2.3.4 und 4.4). Die vertikale Interferenz entsteht genauso wie die eines „sehr kurzen" Spalts (de facto gleiche Höhe wie Breite), die kreisförmige aufgrund der Kreisstruktur der Löcher.

4.8 Schlitzfolie

Abbildung 21: rekonstruiertes und Fourierbild

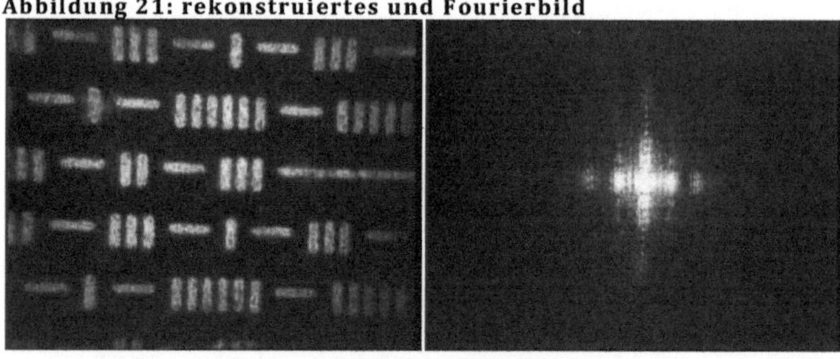

Die Schlitzfolie besteht aus verschiedenen vertikalen und horizontalen Schlitzen. Diese führt folglich zu einem weitgehend kreuzförmigen Beugungsbild.

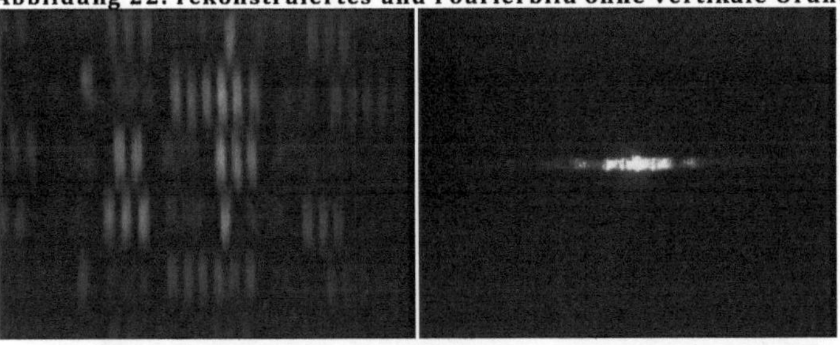

Die Aufgabe für diesen Versuchsteil war, eine Strichausrichtung herauszufiltern. Wir haben die horizontalen Striche herausgefiltert indem wir alle Vertikalen Ordnungen abgeblendet haben (mit Maske 9). Dadurch ist erwartungsgemäß das Bild unschärfer geworden (Vorhersage aus 2.5). Die Intensitätsverteilung (nur für die Vertikalen) ist im Bild noch zu erkennen.

5. Berechnung der Spaltgröße und der Gitterkonstante

Zum Abschluss soll die Gitterkonstante für das in 4.3 verwendete Gitter jeweils aus dem Beugungsbild und dem rekonstruierten Bild errechnet werden.

5.1 Gitterkonstante des reellen Bilds

Da uns andere Werte fehlen, mussten wir uns mit den Maßen des Einfachspalts aus 4.2 helfen (und damit müssen wir leider Nebenrechnungen machen). Dieser ist 200µm breit. Wir können nun ermitteln, wie vielen Pixeln das in unserem Bild entspricht. Mit diesem Wert ließe sich dann die Gitterkonstante errechnen.

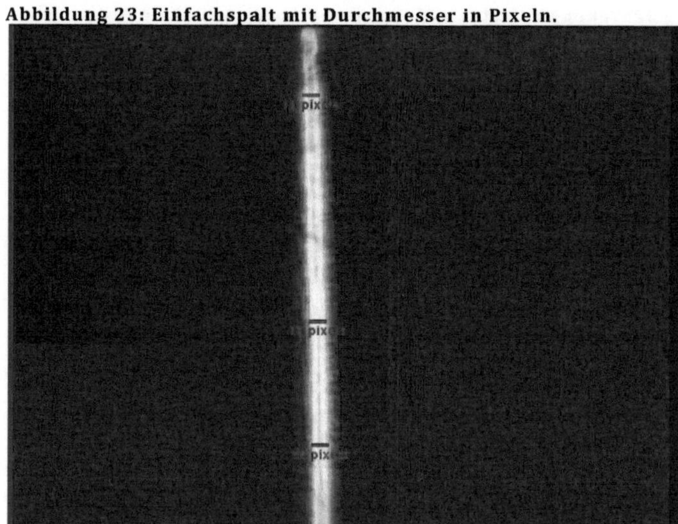

Die Spaltenbreite entspricht in etwa 19 Pixeln. Das Verhältnis von Abbildungslänge zu Pixeln ergibt sich somit unsere neue Versuchskonstante υ:

$$\upsilon = \frac{200[\mu m]}{19[p]} = 10{,}53\,\frac{\mu m}{p}$$

Wir nehmen einen Fehler von 2 Pixeln an, so dass der Fehler zu υ ergibt:

$$\Delta \upsilon = \frac{200[\mu m]}{(19[p])^2} \cdot 2[p] = 1{,}1\,\frac{\mu m}{p}$$

Um die Gitterkonstant g zu erhalten, müssen wir den Abstand zwischen zwei Intensitätsmaxima messen und die Anzahl m der Maxima abzählen (eins muss abgezogen werden, da wir von einem ausgehend die folgenden zählen). Wir haben nur einen Ausschnitt des Bilds von Abbildung 8 verwendet, da der Rest aufgrund der Interferenzen mit dem Laser nicht zum Messen geeignet ist.

Abbildung 24: Gitter mit Angaben zum Abstand der Maxima in Pixeln.

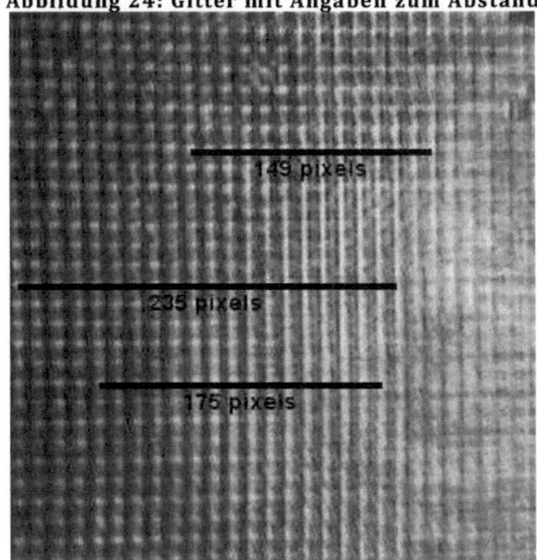

Wir haben folgende Werte ermittelt:

Position	Pixel	Anzahl Maxima m	Pixel/m
Oben	149	13	11,46
Mitte	235	20	11,75
Unten	175	15	11,60

Der Fehler ergibt sich aus der Standardabweichung:

$$\sigma = \sqrt{\frac{\sum(x_i - \bar{x})^2}{(n-1)}} = 0{,}14\,\frac{p}{m}$$

Der Durchschnittswert ist 11,60±0,14m/p. Wir nennen diese Konstante υ_G. Wir erhalten somit für die Gitterkonstante:

$$g = \upsilon \cdot \upsilon_G = 10{,}53\,\frac{\mu m}{p} \cdot 11{,}6p = 122{,}15\mu m$$

Der Fehler wird mit der Gaußschen Fehlerfortpflanzung ermittelt:

$$\Delta g = \sqrt{(\upsilon \cdot \sigma)^2 + (\upsilon_G \cdot \Delta\upsilon)^2} = 12{,}95\mu m$$

5.2 Gitterkonstante des Beugungsbilds

Eine weitere Möglichkeit die Gitterkonstante zu berechnen ist, die Position der Beugungsordnungen zu vermessen. Wir greifen die entsprechende Formel aus 2.3.4 noch einmal auf:

$$\sin\alpha = \frac{\lambda m}{g}$$

Wir vereinfachen nun die Formel, wonach

$$\sin\alpha \approx \tan\alpha$$

für kleine Winkel gilt. So können wir den Sinusteil ersetzen und zwar mit

$$\tan\alpha = \frac{x}{l}$$

$$\Rightarrow \tan\alpha = \frac{\lambda m}{g}$$

$$\Rightarrow g = \frac{\lambda ml}{x}$$

Wobei x für den Abstand im Beugungsbild steht und l für den Abstand zwischen Apertur und Beugungsbild. Da wir keinen Wert für l haben, müssen wir diesen (wiederum) aus den bekannten Werten für den Einfachspalt rekonstruieren. Da wir mit einem Linsensystem arbeiten kann man diesen Wert nicht einfach nachmessen sondern muss ihn (als eine Art „transformierter Abstand") errechnen. Für diesen galt, mit dem bekannten Wert von b = 200µm (und der bereits eingesetzten Vereinfachung für den sinusteil):

$$\frac{x}{l} = \frac{\lambda n}{b}$$

$$\Rightarrow l = \frac{xb}{\lambda n}$$

Wir müssen die Position der Minima im Beugungsbild (Abbildung 5) ausmessen.

Wir haben folglich mehrere Werte für den Abstand x der Minima. Die Fehler sind die gleichen wie in 5.1. Der Fehler für den Blendenabstand ergibt sich trivial als

$$\Delta l = \frac{\Delta x b}{\lambda n}$$

Position	Abstand der Minima x in Pixel	Abstand der Minima x in µm	Fehler von x in µm	Anzahl der Minima n	Blendenabstand l in m	Fehler von l in m
Oben	121	1274,13	133,10	2	0,2013	0,0210
Mitte	252	2653,56	277,20	4	0,2096	0,0219
Unten	399	4201,47	438,90	6	0,2212	0,0231

Damit ist im Durchschnitt l = 0,2107±0,0220m. Diesen Wert können wir nun bei unserer Ermittlung der Gitterkonstante verwenden. Wir brauchen nun mehrere Abstände der Maxima im Beugungsbild des Gitters (Abbildung 8).

Die Gesamtformel inklusive aller eingeführten Konstanten ist (x in Pixeln):

$$g = \frac{\lambda m l}{v x}$$

Damit hätten wir mit der Fehlerfortpflanzung einen Fehler für g (v und Δv wurden in 5.1 definiert):

$$\Delta g = \sqrt{\left(\frac{\lambda m}{v x}\Delta l\right)^2 + \left(-\frac{\lambda m}{v^2 x}\Delta v\right)^2}$$

Mit λ = 633nm. Damit erhalten wir folgende Messwerte und Ergebnisse:

Position	Abstand x der Maxima m in Pixel	Abstand x der Maxima in µm	Fehler Δx des Abstands in µm	Anzahl m der Maxima	Gitterkonstante g in µm	Fehler der Gitterkonstante in µm
Vertikal (blau)	261	2748,33	287,1	2	92,18	14,34
Mitte (grau)	242	2548,26	266,2	2	99,41	15,47
Unten (weiß)	513	5401,89	564,3	4	93,79	14,59

Der Durchschnittswert von g ist somit 95,13±14,80µm.

5.3 Vergleich der Messungen

Die in 5.2 und 5.3 ermittelten Werte haben einen kleinen Überschneidungsbereich, dieser liegt bei ungefähr 109,5µm für die Spaltenbreite. Die von uns gewählte Vorgehensweise liefert (wenn auch nur knapp) übereinstimmende Ergebnisse. Als Verfahren halten wir das aus 5.1 am genauesten, da dort eine Vielzahl von Maxima vermessen werden können, was den Einfluss von Ablesefehlern verringert. Während ein Fehler von 2 Pixeln in 5.1 noch großzügig war, ist er wohl in 5.2 grenzwertig. Daher würden wir das reelle Bild zur Bestimmung der Gitterkonstante präferieren.

6. Literaturverzeichnis

Bergmann, L., und C. Schaefer. *Lehrbuch der Experimentalphysik - Band 3: Optik.* Berlin: Walter de Gruyter, 2004.

Giancoli, D. *Physik.* München: Pearson Studium, 2006.

Kuchling, Horst. *Taschenbuch der Physik.* München: Fachbuchverlag Leipzig, 2004.

Pedrotti, F., L. Pedrotti, Werner Bausch, und Hartmut Schmidt. *Optik - Eine Einführung.* Haar b. München: Prentice Hall, 1996.

Praktikumsskript. Bielefeld: Von der Universität Bielefeld zur Verfügung gestellt.

Wikipedia. 2010. http://de.wikipedia.org/wiki/.